Biomedizinpolitik. Aspekte, Dimensionen und Kontroversen

Tobias Hamm

Bibliografische Information der Deutschen Nationalbibliothek:

Die Deutsche Nationalbibliothek verzeichnet diese Publikation in der Deutschen Nationalbibliografie; detaillierte bibliografische Daten sind im Internet über http://dnb.d-nb.de abrufbar.

ISBN: 9783346966209
Dieses Buch ist auch als E-Book erhältlich.

© GRIN Publishing GmbH
Trappentreustraße 1
80339 München

Druck und Bindung: Books on Demand GmbH, Norderstedt Germany
Gedruckt auf säurefreiem Papier aus verantwortungsvollen Quellen

Das vorliegende Werk wurde sorgfältig erarbeitet. Dennoch übernehmen Autoren und Verlag für die Richtigkeit von Angaben, Hinweisen, Links und Ratschlägen sowie eventuelle Druckfehler keine Haftung.

Das Buch bei GRIN: https://www.grin.com/document/1416218

INSTITUT FÜR POLITIKWISSENSCHAFT

DER FAKULTÄT FÜR GESELLSCHAFTWISSENSCHAFTEN

DER UNIVERSITÄT DUISBURG-ESSEN

Biomedizinpolitik

- Aspekte, Dimensionen und Kontroversen -

Inhaltsverzeichnis

1. Einleitung: Biomedizinpolitik – Ausgewählte Themen

Der wissenschaftliche Fortschritt im Feld der Biomedizin geht stets mit existenziellen Fragestellungen über den Umgang mit menschlichem Leben einher. Moralische Streit- und Konfliktlinien finden dabei Eingang in Debatten über politische Rahmenbedingungen und Regularien biomedizinischer Forschungen. Somit beschreibt die Biomedizinpolitik ein kontroverses Politikfeld von existenzieller Bedeutung. Biomedizin ist dadurch *„mehr als ein durch Regulierung bestimmtes Objekt der Politik – sie wird stattdessen selbst genuin politisch, indem politische Richtungen durch sie vorgegeben werden.“*[1]
In dieser Aufsatzsammlung werden in kurz zugeschnittenen Themenbeiträgen verschiedene Teilaspekte und Dimensionen der Biomedizinpolitik thematisiert. Im ersten Aufsatz „Foucault – Biomacht und die Entstehung des Sexualdispositivs“ wird mit Foucault der Wandel des Staatsverständnisses im Umgang mit menschlichen Leben der letzten Jahrhunderte nachgezeichnet. Im zweiten Aufsatz wird mit Hilfe von Luhmann der operative Code gesund/krank im Zuge der funktionalen Differenzierung der Gesellschaft entschlüsselt. Der dritte Aufsatz beschäftigt sich mit der Frage, welche Legitimationsmechanismen im Politikfeld der Biomedizin zum Einsatz kommen. Im vierten und letzten Aufsatz wird schließlich auf die Technikfolgenabschätzung im Umgang mit Fortpflanzungstechnologien eingegangen.

2. Foucault - Biomacht und die Entstehung des Sexualitätsdispositivs „Leben zu machen und leben zu lassen“

„Jeder hat das Recht auf Leben und körperliche Unversehrtheit.“[2] Was Artikel 2 im Grundgesetz der Bundesrepublik Deutschland ausdrückt, würde man mit Foucault wohl unter seinem Ausdruck *„leben zu machen“* einordnen. Dahinter verbirgt sich ein Staatsverständnis, dass den Menschen und sein Leben fördert und schützt, pflegt und optimiert. Dabei ist der moderne Rechtsstaat ein Produkt einer Jahrzehnte langen Entwicklung, die nach Foucault ihren Anfang im 17. Jahrhundert nimmt.[3]

---

[1] Müller, Lukas: Tagungsbericht: Neues aus Biopolis? Die Politik der Biomedizin, Duisburg, 2017.
[2] Bundeszentrale für politische Bildung (Hrsg.): Grundgesetz für die Bundesrepublik Deutschland, Bonn 2010, S.11
[3] Foucault, Michel: Recht über den Tod und Macht zum Leben, in: Lemke, Thomas / Volkers, Andreas: Biopolitik. Ein Reader, Frankfurt a.M. 2014, S.65-68

Diese Entwicklung geht von einem Gegenpol des heutigen Verständnisses von Staatsmacht aus. Anstelle des Leitsatzes staatlicher Souveränität *„leben zu machen"* tritt nach Foucault der Ausdruck *„sterben zu machen"*. Er drückt ein autoritäres Staatsverständnis aus, wonach der Herrscher seine Untergebenen und ihre Ressourcen für seine Ziele benutzt und abnutzt.[4]

Im 17. Jahrhundert treten dann nach Foucault zwei Entwicklungen ein: Zum einen vollzieht sich eine zunehmende Instrumentalisierung des menschlichen Körpers, die Foucault unter dem Begriff der *Disziplin* fasst. Zum anderen stellt sich etwas später die sogenannte *Biopolitik* heraus. Unter ihr ist nach Foucault alles Verhandeln zu verstehen, dass die Prozesse des Lebens einbezieht. Beide Entwicklungsstränge fasst Foucault unter dem Begriff der *Biomacht* zusammen, die fortan das menschliche Gemeinwesen bestimmt.[5] Während die *Biomacht* einen epochalen Macht-***Typus*** meint, ist die *Biopolitik* von ihr als explizite Macht-***Technik*** zu unterscheiden und ihr unterzuordnen.[6]

Beide Entwicklungen führen in den folgenden Jahrhunderten dazu, dass die ständige Todesgefahr der Menschen als Fessel des Lebens und Werdens überwunden und gelöst wird. Dabei prägt Foucault den Begriff des *Sex*, der über seine Fortpflanzungsfunktion schon als Symbol des Lebens und Werdens steht. Foucault aber geht über diese symbolische Bedeutung hinaus und postuliert, dass *„Sex"* als Bindestelle und Triebkraft der beiden Entwicklungsstränge *Disziplin* und *Biopolitik* fundiert. Der Begriff *Sex* stelltalso weit mehr als nur eine Fortpflanzungsfunktion dar. Er ist darüber hinaus Angriffspunkt für verschiedene Machttechniken, die sich über ihn analytisch ergründen lassen.[7]

Doch der Trend *„leben zu machen"* sollte sich in seiner weiteren Entwicklung durch sich selbst einfangen: Das Streben nach Leben findet seine exaltierte Form im Prinzip *„töten, um zu leben"*. Kriege und Ideologien, allem voran der Faschismus und die beiden Weltkriege, stellen schließlich die entarteten Synthesen beider Leitsätze dar. Vor diesem Hintergrund ist Foucaults Leitsatz in seiner Vollständigkeit nun zu verstehen: *„Leben zu machen, oder in den Tod zu stoßen."*[8]

Kritisch lässt sich zunächst mit dem Begriff der *Biomacht* umgehen. Denn nimmt man den vorliegenden Text für sich allein, wird nicht recht deutlich, von wem die Macht ausgeht: *„Die Sorgfalt, mit der **man** dem Tode ausweicht, hängt weniger mit einer neuen Angst*

---

[4] Ebd.

[5] Ebd. S. 68-72

[6] Kammler, Clemens / Parr, Rolf / Schneider, Ulrich Johannes: Foucault Handbuch. Leben-Werk-Wirkung, Stuttgart 2014, S. 231

[7] Foucault, Michel: Recht über den Tod und Macht zum Leben, S. 74-78

[8] Ebd. S. 67-79

zusammen, [...], als vielmehr mit der Tatsache, dass sich die Machtprozeduren von ihm abgewendet haben."[9] Was verbirgt sich hinter der Bezeichnung „***man***"? Ist es der souveräne Staat? Ist damit eine angebbare Gruppe von Personen gemeint? Das Verständnis seines Machtbegriffs und der *Biomacht* im Speziellen, bedarf der Einordnung in Foucaults Denkweise. Die in der politikwissenschaftlichen Literatur anerkannte Definition von Macht nach Weber führt dabei in die Irre: *„ Macht bedeutet jede Chance, innerhalb einer sozialen Beziehung den eigenen Willen auch gegen Widerstreben durchzusetzen, [...]."*[10]

Im Gegensatz dazu versteht Foucault den Machtbegriff universell. Macht kann man hiernach nicht besitzen. Stattdessen ist sie eine *„historische Form vielfältiger Kräfteverhältnisse"*[11], an deren Oberfläche sich eine erkennbare Struktur abzeichnet.

Sodann verhält es sich gleichermaßen mit der *Biomacht*, deren struktureller Ausdruck zum Beispiel die durch biopolitische Prozesse entwickelten Arbeitsschutzverordnungen sein können, durch deren Befolgung die Arbeitskraft des Menschen gesteigert wird. Nicht ohne Grund ist für Foucault die *Biomacht* das zentrale Antriebselement für den Kapitalismus. Er behauptet, das Bevölkerungswachstum werde an die Expansion der Produktivkräfte angepasst. An dieser Stelle könnte man aber genauso auch dagegen argumentieren und behaupten, die Produktivitätskräfte werden gesteigert, um das Bevölkerungswachstum aufzufangen.

Auch wenn Foucault sich in seiner vorliegenden Schrift selbstkritisch zeigt und seinen Kritikern etwa vorwegnimmt, ihm könne ein hastiger Historismus vorgehalten werden,[12] so verstummt nicht der Gesamteindruck des Textes, allzu oft in Gegensatzpaaren zu verfallen. Die zentralen Sätze des Textes, die Macht habe sich von *„sterben zu machen und leben zu lassen"* zu *„leben zu machen oder in den Tod zu stoßen"* gewandelt, rechtfertigen die Kritik, Foucault würde komplexe historische Prozesse in einer schwarz-weiß-Struktur anordnen.

Aktuelle Problemstellungen der Biopolitik zeigen, wie schnell diese Leitsätze ihre Erklärungskraft verlieren und wie weitaus komplexer sich diese Problemstellungen darstellen. So findet sich in aktuellen Debatten ein Ringen des Staates mit dem Privaten über die Grenzen staatlicher Eingriffe in das Recht des Lebens oder Sterbens wieder. Besonders deutlich zeigt sich dies bei der Debatte, ob Sterbehilfe erlaubt sein soll. Würde man Foucaults Entwicklungstrend linear weiterführen, kommt man zu dem Schluss, der Staat

---

[9] Ebd. S. 68
[10] Zit. nach: Andersen, Uwe: Machttheoretische Ansätze, in: Nohlen, Dieter / Schultze, Rainer-Olaf: Lexikon der Politikwissenschaft, Band 1 A-M, 4. Auflage, München 2002, S. 559
[11] Kammler, Clemens / Parr, Rolf / Schneider, Ulrich Johannes: Foucault Handbuch, S. 274
[12] Foucault, Michel: Recht über den Tod und Macht zum Leben, S. 79

würde künftig bis in das private Umfeld hinein regieren, um Leben unbedingt zu schaffen beziehungsweise zu erhalten, also Sterbehilfe gänzlich zu verbieten.

Aber schon jetzt zeichnet sich der Trend ab, staatliche Eingriffe in die Lebenswirklichkeiten der Menschen zu reduzieren.[13] Und schließlich markiert auch Artikel zwei des Grundgesetzes diese Grenze: *„Jeder hat das Recht auf [sein] Leben.“*[14] Daher lässt sich für die Epoche des 21. Jahrhunderts, die Foucault nicht mehr erlebte, mit seinen Worten ein den neuen politischen Fragen unserer Zeit angemessenerer Satz formulieren: Das alte Recht, *„leben zu machen, oder in den Tod zu stoßen“* wird abgelöst von einer Macht, *leben zu machen und leben zu lassen.*

3. Luhmann - Die Logik der Krankheit: „Gesund oder gesundheitsförderlich?"

Nach Luhmann differenziert sich die moderne Gesellschaft in verschiedene gesellschaftliche Funktionssysteme aus. Sie dienen allesamt der Funktion, Weltkomplexität zu reduzieren, indem sie sich über sogenannte binäre Codes herausbilden. Binäre Codes repräsentieren die jeweilige Eigenart der einzelnen Funktionssysteme. Sie kennen nur jeweils einen Wert. So vollzieht sich etwa die Differenzierung des gesellschaftlichen Funktionssystems „Politik" durch den binären Code Macht/Nicht-Macht. Er entscheidet darüber, welche äußeren Impulse in das System gelangen und verarbeitet werden.[15] Neben der Politik lassen sich die Ökonomie, Religion und Wissenschaft als prominente Funktionssysteme ergänzen. Doch kann sich auch die Krankenbehandlung in die Liste der prominenten Funktionssysteme einreihen, oder ordnet sie sich als Teilsystem unter?

In dem vorliegenden Text koppelt Luhmann seine Untersuchung vor allem an das, was Funktionssysteme in ihrem Kern ausmachen und wo sie ihren Anfang finden: Dem binären Code. Luhmann kommt zu dem Ergebnis, dass der binäre Code der Krankenbehandlung gesund/krank lauten müsse.[16] Nach Luhmann entspricht er den Kriterien, gegenläufig gerichtet zu sein, um eine unmissverständliche Einordnung in ein Funktionssystem sicherzustellen. Aus diesem Grund stellt die Krankenbehandlung ein autonomes

---

[13] Reinhard, Wolfgang: Geschichte des modernen Staates, München 2007, S. 123

[14] Bundeszentrale für politische Bildung (Hrsg.): Grundgesetz für die Bundesrepublik Deutschland, S. 11

[15] Münch, Richard: Systemtheorie, in: Nohlen, Dieter / Schultze, Rainer-Olaf: Lexikon der Politikwissenschaft, Band 2 N-Z, 4. Aufl., München 2010, S. 1072-1074

[16] Luhmann, Niklas: Der medizinische Code, in: ders., Soziologische Aufklärung: Konstruktivistische Perspektiven, 3. Aufl., Wiesbaden 2005, S. 179

Funktionssystem dar. Gleichwohl stellt er Besonderheiten dieser binären Codierung heraus, durch die sie sich von anderen binären Codierungen anderer Funktionssysteme unterscheidet:

Binäre Codes nehmen zwei Funktionen wahr: Die Anschlussfähigkeit und Kontingenzreflexion.[17] Im Falle der binären Codierung gesund/krank besteht die Anschlussfähigkeit an Operationen und Handlungen in der Krankheit, denn erst die Krankheit hat zur Folge, dass Ärzte eine Behandlung einleiten. Der operativ anschlussfähige Wert der binären Codierung wird nach Luhmann als Designationswert bzw. Positivwert bezeichnet. Hiernach ist also die Krankheit der positive Wert. Luhmann erkennt die semantische Problematik, mit der Gesundheit doch eher Positives zu assoziieren.[18]

Diese Eigenart der binären Codierung des Gesundheitssystems setzt sich bei der Kontingenzreflexion fort. Luhmann kommt zu dem Schluss, dass das Gesundheitssystem ohne Reflexion auskommen kann. Denn einerseits ist der Reflexionswert gesund gleichzeitig das Ziel, wenn Ärzte Krankheiten behandeln. Sie müssen nicht wie Richter ihre Operation, Recht zu sprechen, an dem Reflexionswert Unrecht reflektieren. Andererseits löst die Krankheit die sonst geordnete Zeitdimension auf und ordnet sie neu. Die einsetzende Krankheit und die folgende Behandlung fokussieren den menschlichen Körper in seinem Jetzt-Zustand. Die Gleichzeitigkeit erhebt sich über die ordnenden Zeitdimensionen von Vergangenheit und Zukunft und macht Systemreflexion überflüssig.[19]

Im Gegensatz zu Luhmann, der bereits eine Schwerpunktverlagerung der Krankenbehandlung von Infektionskrankheiten hin zur Behandlung sogenannter Zivilisationskrankheiten benennt, entwickelt Bauch die binäre Codierung folgerichtig weiter: Im Zuge der Behandlung von Zivilisationskrankheiten richtet sich der Fokus der Medizin nicht mehr nur auf die Behandlung einer akut auftretenden Krankheit an sich. Vielmehr habe die Medizin beim Auftreten klassischer Zivilisationskrankheiten damit zu tun, präventiv wirksam zu werden.[20] Die Codierung der Krankenbehandlung greift für Bauch daher zu kurz, um auf das gesamte gegenwärtige Gesundheitssystem übertragen zu werden. Angemessener erscheint für ihn die Codierung lebensförderlich/lebenshinderlich bzw. gesundheitsförderlich/gesundheitshinderlich.[21] Die neue Codierung stellt sich insbesondere

---

[17] Ebd., S. 178
[18] Luhmann, Niklas: Der medizinische Code, S. 179
[19] Ebd., S. 180-181
[20] Bauch, Jost: Selbst- und Fremdbeschreibung des Gesundheitswesens. Anmerkungen zu einem „absonderlichen" Sozialsystem, in: ders., Gesundheit als System. Systemtheoretische Beobachtungen des Gesundheitssystems, 2. Aufl., Konstanz 2005, S. 8
[21] Ebd., S. 9-10

vor dem Hintergrund als angemessen dar, dass es mit dem zunehmenden medizinischen Fortschritt immer schwieriger wird, zwischen gesund und krank zu unterscheiden.[22]

Im Zuge dessen ließe sich aus der Perspektive der Zivilisationskrankheiten heraus jedoch auch ein alternativer Code konstruieren. Wenn man also davon ausgeht, dass der Körper nie gesund ist, sondern im Wandel der Zeit der Krankheit und schließlich dem Sterben immer näher kommt. Oder so, wie es Luhmann in seinem Text sagt: *„Jeder ist krank, weil jeder sterben wird.“*[23] Demnach könnte der Code genauso auch als krankheitsförderlich/krankheitshinderlich oder sterbensförderlich/sterbenshinderlich umgeschrieben werden. Je nach Ausrichtung des Codes, der in seinem Sinne zwar gleich, aber doch von der jeweils anderen Perspektive ausgeht, wird also eine unterschiedliche Annahme über das Verhältnis von Krankheit und Gesundheit zueinander impliziert.

Durch neue medizinische Fortschritte wird aber nicht nur die Unterscheidung von gesund und krank herausgefordert, sondern auch die von Luhmann aufgestellte Zweitcodierung der Krankenbehandlung, die Krankheiten nochmals in heilbare und unheilbare Krankheiten unterteilt.[24] Denn durch den medizinischen Fortschritt können selbst unheilbare Krankheiten wie etwa eine HIV-Infektion oder Krebserkrankungen noch lange hinausgezögert und eingedämmt werden. Gerade hier trifft der Code von Bauch besonders zu. Schließlich ist bei einer unheilbaren Krankheit der gegenläufige Wert der Krankheit, Gesundheit, ausgeschlossen. Nichtsdestotrotz wird der Krankheitsverlauf durch lebensförderliche bzw. heilende Maßnahmen beeinflusst. Damit baut der Positivwert von Bauch „lebensförderlich" auf einem Verständnis der sogenannten Prima Facie Regeln auf: Auch in ethisch schwierigen Entscheidungssituationen, wie die Behandlung und der Umgang mit unheilbaren Krankheiten, wird es als allgemeine moralische Pflicht angesehen, weiteren Schaden zu vermeiden, also auch unheilbare Krankheiten mit lebensförderlichen Maßnahmen zu behandeln.[25] Damit ist die Codierung nach Bauch nicht nur für die moderne Krankenbehandlung an sich, sondern auch für das gesamte Gesundheitssystem, gemessen an den gegenwärtigen Möglichkeiten der Medizin, ein angemessener binärer Code. Er bricht schließlich das alte Verständnis zwischen gesund und krank auf und richtet den Fokus auf die ohnehin einsetzende medizinische Handlung, ganz gleich, ob der gesunde Patient über

---

[22] Ebd., S. 8
[23] Luhmann, Niklas: Der medizinische Code, S. 183
[24] Luhmann, Niklas: Der medizinische Code, S. 186
[25] Fischer, Johannes / Gruden, Stefan / Imhof, Esther: Grundkurs Ethik. Grundbegriffe philosophischer und theologischer Ethik, 2. Aufl., Stuttgart 2008, S.184

präventive Maßnahmen gesundheitsförderlich behandelt, oder eine unheilbare Krankheit mit gesundheitsförderlichen Eingriffen aufgehalten wird.

4. Politische Legitimationsmechanismen in der Biomedizin: Kampf um Legitimität

Bei der Bearbeitung eines Problems, ob in der privaten oder öffentlichen Sphäre, scheint instinktiv ein rationales Vorgehen vernünftig und angemessen. Einer klar zu benennenden Problemformulierung folgen die konkrete Zielformulierung und eine Übersicht möglicher Handlungsoptionen. Schlussendlich wird diejenige Option ausgewählt, die den besten Nutzen verspricht. In der öffentlichen Verwaltung ist dieses klassische Vorgehen unter dem Begriff der synoptischen Problembearbeitung zusammengefasst.[26]

Doch die Bearbeitungstechnik muss auch zu dem jeweiligen Problem passen.[27] Ist das Problem klar zu benennen und können Handlungsoptionen eindeutig als richtig oder falsch benannt werden, können solche „tame problems" sicherlich durch ein synoptisches Modell bearbeitet werden.[28] Die Symptome der Moderne weisen jedoch nur allzu oft auf eine veränderte Problemdynamik hin. So sind es vor allem die technischen Errungenschaften, insbesondere medizintechnische Entwicklungen, die die Gesellschaft vor kaum lösbare moralische Dilemmata stellt.[29] Die Grenze zwischen gut und schlecht, richtig und falsch verschwimmt und auch die Problemdefinition selbst ist nicht mehr eindeutig zu benennen. In der Literatur werden diese neuartig komplexen Probleme als wicked problems benannt, die eine andere Art der Problembearbeitung erfordern.[30]

Wenn sich nun die politische Problembearbeitung ändert, so müssen sich folglich auch die Legitimationsmechanismen erneuern. Frau Prof. Martinsen schlägt daraufhin diskursive Legitimationsstrategien vor. Generell lässt sich der Diskurs in diesem Zusammenhang als strukturierter Dialog von Akteuren beschreiben, der nicht nur Eliten einbezieht, sondern mit der Teilnahme gesellschaftlicher Vertreter eine größere gesellschaftliche Reichweite

---

[26] Bogumil, Jörg / Jann, Werner: Verwaltung und Verwaltungswissenschaften in Deutschland. Einführung in die Verwaltungswissenschaft, 2. Auflage, Wiesbaden 2009, S.169-170

[27] Saretzki, Thomas: Biopolitik in diskursiven Designs: Empirisch Analysen und politiktheoretische Implikationen, in: Kauffmann, Clemens / Sigwart, Hans-Jörg (Hrsg.): Biopolitik im liberalen Staat, Baden-Baden 2011, S.211

[28] Hancock, David: Tame, Messy and Wicked Risk Leadership, New York 2010, S.1

[29] Martinsen, Renate: Politische Legitimationsmechanismen in der Biomedizin. Diskursverfahren mit Ethikbezug als funktionale Legitimationsressource für die Biopolitik, in: Albers, Marion (Hrsg.): Bioethik, Biorecht, Biopolitik: Eine Kontextualisierung, Baden-Baden 2016, S.3

[30] Zit. nach: Hancock, David: Tame, Messy and Wicked Risk Leadership, New York 2010, S.2

erzielen soll.[31] Der Diskurs, übersetzt als strukturierter Dialog, verrät bereits die Legitimationsressource: Sie liegt nach Luhmann im Verfahren selbst. Demnach können Verfahren Legitimität erzeugen, wenn sie in der Gesellschaft grundsätzlich akzeptiert werden. Es gehe bei Verfahren zuvorderst also nicht darum, Ergebnisse mit guten Argumenten zu entwickeln, sondern mithilfe von Verfahren Entscheidungen zu legitimieren.[32]

Im Vordergrund diskursiver Verfahren steht nun auch nicht mehr die lineare Bearbeitung eines Problems, sondern die Ordnung der zunächst unstrukturierten Problemlage.[33] An erster Stelle steht das sogenannte Framing, bei dem es um die Festlegung von Diskurstyp und Thema geht. Das Framing nimmt dabei in Kauf, dass damit eine bestimmte Wahrnehmung des Problems impliziert wird. Die damit konstruierten Barrieren des Diskurses schließen andere, divergierende Ansichten von vornherein aus.[34] Diskursive Strategien beantworten daher neben der Legitimationsfrage auch die Frage nach der neuartigen Bearbeitung von modernen wicked Problems: Denn durch das Framing wird die Handlungsohnmacht scheinbar unlösbarer Konflikte bewusst aufgelöst und ein bearbeitbarer Prozess gegenübergestellt.[35]

Dem Framing folgt die Phase der Prozeduralisierung. Das kommunikative Verfahren, das entweder der Verständigung oder Verhandlung dient, folgt hierbei festgelegten Regeln. Nach wie vor sind dabei die diskursiven Grenzen leitend, die die Beiträge der Teilnehmer auf ihre Kompatibilität mit dem beim Framing vereinbarten Diskurs überprüfen.[36] In dieser Dynamik führt das Diskursverfahren schlussendlich zu einem Ergebnis innerhalb der Diskursgrenzen, das von allen Beteiligten mitgetragen werden kann.[37]

Insgesamt sind Diskursverfahren zwar nur als Ergänzung zu klassischen Verfahren in herausgehobenen Problemlagen anzusehen.[38] Dennoch sind sie in der politikwissenschaftlichen Debatte auch kritischen Einwänden ausgesetzt, die zwar im Text zur Sprache kommen, hier aber noch ergänzt werden. Neben der in Frau Prof. Martinsens Text angesprochenen Anfälligkeit von Diskursverfahren für Symbolpolitik,[39] greift Saretzki

---

[31] Martinsen, Renate: Politische Legitimationsmechanismen in der Biomedizin. Diskursverfahren mit Ethikbezug als funktionale Legitimationsressource für die Biopolitik, S.12
[32] Martinsen, Renate: Politische Legitimationsmechanismen in der Biomedizin. Diskursverfahren mit Ethikbezug als funktionale Legitimationsressource für die Biopolitik, S. 5-7
[33] Ebd., S.14
[34] Ebd., S.14-17
[35] Ebd., S.15
[36] Ebd., S.15-17
[37] Ebd., S.17
[38] Ebd., S.25
[39] Ebd., S.25

noch einen weiteren Aspekt auf, der ebenfalls unter dem Begriff der Symbolpolitik aufgefasst werden kann: Beteiligungsverfahren seien nicht frei von instrumentellen politischen Kalkülen, heißt es.[40] Die Gefahr für Legitimationsmechanismen diskursiver Verfahren durch Instrumentalisierungen solcher Verfahren muss dabei deutlicher herausgearbeitet werden, als es die Autoren vornehmen. Schließlich steht und fällt die Legitimationsfunktion diskursiver Verfahren mit der nach Luhmann generellen Anerkennung dieser.

Dringt man nun detaillierter in die Sphären der Legitimitätstheorien vor, so ist der Glaube an eine legitime Ordnung ein wichtiger Bestandteil der erfüllt sein muss, um Legitimität erzeugen zu können.[41] Wenn die öffentliche Meinung der Ansicht ist, das solche Diskursverfahren von der Politik nur eingesetzt werden, um beispielsweise im Rahmen einer Agenda-Vermeidungsstrategie ein kontroverses gesellschaftliches Thema zu vermeiden,[42] das also Diskurverfahren instrumentalisiert werden, dann ist der Glaube in die Legitimität dieser Verfahren nicht gegeben. Auch wenn eine Instrumentalisierung der Verfahren nicht nachgewiesen werden kann, reicht schon der subjektive Glaube an eine Instrumentalisierung aus, die Legitimationsmechanismen auszusetzen. Insofern kann ein möglicher Protest an diesen Verfahren nicht nur zu Beginn und am Ende,[43] sondern auch währenddessen stattfinden. Ob der Protest nun Erfolg hat, hängt sodann von seiner Reichweite und Generalisierbarkeit ab.[44] Fest steht jedoch, dass jedes Diskursverfahren diesem Kampf um Legitimität ständig ausgesetzt ist und etwaige Gegner nicht immer erfolgreich isoliert werden können.

Das dieses Problem von größerer Tragweite ist, lässt sich an ähnlichen Beispielen von Expertenkommissionen nachweisen und auf Diskursverfahren übertragen. In öffentlichen Berichten und wissenschaftlichen Publikationen werden sie regelmäßig mit dem Vorwurf der politischen Instrumentalisierung konfrontiert.[45]

---

[40] Saretzki, Thomas: Biopolitik in diskursiven Designs: Empirisch Analysen und politiktheoretische Implikationen, S.225

[41] Martinsen, Renate: Politische Legitimationsmechanismen in der Biomedizin. Diskursverfahren mit Ethikbezug als funktionale Legitimationsressource für die Biopolitik, S.4

[42] Färber, Gisela: Politikberatung durch Kommissionen, in: Leschke, Martin / Pies, Ingo (Hrsg.): Wissenschaftliche Politikberatung – Theorien, Konzepte, Institutionen, Stuttgart 2005, S. 138

[43] Ebd., S.18

[44] Ebd., S.18

[45] Burkhardt, Florian: Politikberatung oder Politikbestätigung? Funktionen und Wirkungsweisen von Expertenkommissionen der Bundesregierung, Konstanz April 2005, S.62

Bei aller Kritik muss jedoch auch festgestellt werden, dass Diskursverfahren nie frei von politischen Kalkülen sein können.[46] Denn die Auswahl der Mitglieder wird aus praktischen Gründen immer nur eine Auswahl bleiben, die reinen demokratischen Standards nicht genügen wird.[47] Umso aktueller bleibt der Kampf um Legitimität bei diskursiven Verfahren. Er erhöht sogleich den Anspruch an die Gesellschaft, den Nutzen neuer Legitimationsmechanismen zu erkennen und zwischen horizontalen und vertikalen Politikprozessen, wie auch zwischen verschiedenen Problemfeldern differenzieren zu können.

5. Technikfolgenabschätzung und gesellschaftspolitische Aspekte im Umgang mit Fortpflanzungstechnologien: Im Zweifel für die Menschenwürde

„Ein Designerbaby nach Bauplan – für 140.000 Dollar"[48] betitelt die Welt am 02.01.2016 einen ihrer Artikel. Vor zwei Tagen, am 08.12.2017, heißt es in einer Überschrift der Süddeutschen Zeitung: *„Klone aus dem Mixer."*[49] Beide Überschriften stehen stellvertretend für das, was Ingrid Schneider in ihrem Aufsatz diagnostiziert: Eine dramatisierte und überspitzte Debatte in den Medien um die Möglichkeiten der Biotechniken.[50] Dabei täuscht diese Art der Berichterstattung über die tatsächlichen Möglichkeiten der Biotechnologie hinweg, wie Schneider in ihrem Aufsatz deutlich macht. Und so sind es gerade die gegenwärtigen Grenzen der Biotechnologie, die einen differenzierteren Blick auf die damit einhergehenden Probleme ermöglichen, wie eine Gesellschaft mit diesen Techniken umgehen sollte.

---

[46] Saretzki, Thomas: Biopolitik in diskursiven Designs: Empirisch Analysen und politiktheoretische Implikationen, S.225

[47] Blumenthal, Julia: Kommissionen und Konsensrunden, in: Bröchler, Stephan / Schützeichel, Rainer (Hrsg.): Politikberatung, Stuttgart 2008, S.408

[48] Ridderbusch, Katja: Ein Designerbaby nach Bauplan – für 140.000 Dollar, in: Die Welt online: Wissenschaft-Reproduktionsmedizin, Berlin 02.01.2016, https://www.welt.de/wissenschaft/article150528268/Ein-Designerbaby-nach-Bauplan-fuer-140-000-Dollar.html, abgerufen am 10.12.2017

[49] Czeguhn, Jutta: Klone aus dem Mixer, in: Süddeutsche Zeitung: Ausstellung, München 08.12.2017, http://www.sueddeutsche.de/muenchen/ausstellung-klone-aus-dem-mixer-1.3784329, abgerufen am 10.12.2017

[50] Schneider, Ingrid: Gesellschaftspolitische Regulierung von Fortpflanzungstechnologien und Embryonenforschung, in: Bergermann, Ulrike: Techniken der Reproduktion / Medien-Leben-Diskurse, 2002, S.103-104

Schneider stellt in Ihrem Aufsatz zunächst zwei gegenläufige Ansätze vor, mit denen man sich dem Zusammenhang von Politik und Biotechnologie annähern kann. Einem ersten Verständnis nach reagiert Politik lediglich auf die Entwicklung neuer Biotechniken und wirkt zumeist restriktiv. Sodann setzt die Handlung der Politik im Nachhinein an.[51]

Der dem gegenläufige zweite Ansatz besagt, dass es gerade die Politik sei, die über Funktionen verfügt, neue Biotechnologien zu befördern. Ihr Handlungsansatz kann also einer neuen Biotechnologie vorgeschaltet sein.[52]

Unter Zuhilfenahme ihres zweiten Aufsatzes in der Zeitschrift Apus und anhand der Funktionen von Enquete-Kommissionen kann dabei noch eine dritte Perspektive identifiziert werden. Hiernach ist die politische Praxis zumeist durch beide Ansätze geprägt: Einerseits können Enquete-Kommissionen eine Reaktion auf neue Technologien sein, um die Politik über den angemessenen Umgang mit solchen Technologien zu beraten. Andererseits können solche mit Experten besetzte Kommissionen Handlungsempfehlungen einbringen, die der Politik die Förderung bestimmter Technologien und Forschungszweige empfiehlt.[53]

So oder so bieten Expertenkommissionen die Chance, einen in der Sache nicht durch Kompromisse zu lösenden Diskurs mit Legitimität auszustatten. Denn indem sie einen verfahrenstechnischen Kompromiss ermöglichen, können sowohl Gegner als auch Befürworter von Biotechnologien in dem Diskurs gleichermaßen integriert werden.[54]

Enquete Kommissionen bieten also die Gelegenheit, die ganze Bandbreite an Argumenten und Perspektiven einer schwierigen moralischen Debatte ausgewogen darzustellen, ohne das eine wichtige Sichtweise ausgelassen wird. Erst dann wird den politischen Akteuren eine der Sache angemessene Entscheidungsgrundlage dargeboten, die nicht durch die Einflussnahme bestimmter Interessen verzogen ist. So kam es beispielsweise dazu, dass zwar der Import von embryonalen Stammzellen erlaubt, jedoch nur unter Auflage strenger Rahmenbedingungen ermöglicht wurde.[55]

Dem anfangs beschriebenen medialen Hype über Biotechnologien setzt Schneider im weiteren Verlauf ihres Aufsatzes eine andere Perspektive entgegen. Demnach sind Biotechnologien noch nicht in dem Maße optimiert, wie es die eingangs erwähnten Überschriften suggerieren. Stattdessen sind eine ganze Reihe gesundheitsschädlicher

---

[51] Ebd., S.105
[52] Ebd., S.105
[53] Schneider, Ingrid: Technikfolgenabschätzung und Politikberatung am Beispiel biomedizinischer Felder, in: APuZ, Jg. 64, H. 6-7, 2014, S.38-39
[54] Ebd., S.35
[55] Ebd., S.35

Probleme mit einem biotechnischen Eingriff in die Lebensprozesse des menschlichen Körpers verbunden.[56]

Nichtsdestotrotz verweist Schneider auf den drohenden Transformationsprozess, den die fortschreitende Embryonenforschung innerhalb der Gesellschaft auslösen könne. Sie spricht von einer möglichen Objektivierung und Ökonomisierung, wenn etwa der Embryo aus seinem menschlichen Entwicklungsprozess herausgehoben und zu einer Forschungsressource umgedeutet wird.[57] Auf Grundlage eines veränderten Verständnisses von zentralen Begriffen, wie die des Embryos, ist ersichtlich, dass damit künftig auch politische Entscheidungen im Feld der Biotechnologie anders ausfallen, als sie bisher getroffen wurden.

Auch wenn Politik gegenwärtig angesichts der notwendigen Unterstützung durch Enquete-Kommissionen in einem scheinbar nicht zu lösenden moralischen Konflikt der Biotechnologien ratlos und steuerungsunfähig erscheint, kommt ihr doch eine nicht unerhebliche Steuerungskompetenz zuteil. Schneider nennt in ihrem Essay das Beispiel eines japanischen Forschers, dem es ansatzweise gelungen ist, Stammzellen bei Erwachsenen zu gewinnen. Sodann verdeutlicht das Beispiel, dass moralische Konflikte in einer konträr geführten Debatte durch neue medizinische-technische Fortschritte gelöst werden können.[58] In der juristischen Praxis gilt der Spruch: *„In dubio pro reo. Im Zweifel für den Angeklagten"*, wonach bei einer unzureichenden Beweisführung der Angeklagte freigesprochen wird, um im Zweifel zu vermeiden, dass der Staat einen Unschuldigen verurteilt und damit Unrecht spricht.[59] Auch in der Debatte um Biotechnologien ist die „Beweisführung" nicht eindeutig. In Folge dessen kann es nicht falsch sein, dass der Staat sich im Zweifel für die Menschenwürde ausspricht und auch Sachverhalte unter deren Schutz stellt, deren Zuordnung nicht eindeutig zu klären ist. Damit wäre zum Beispiel ein Verbot der Forschung mit embryonalen Stammzellen zu rechtfertigen. Die Steuerungskompetenz des Staates besteht nun darin, die Forschung anzuregen, nach alternativen Möglichkeiten zu suchen, um den moralischen Konflikt zu umgehen. Diese Art der Problemlösung könnte also dazu führen, dass neue medizinisch-technische Möglichkeiten umso mehr entwickelt werden.

---

[56] Schneider, Ingrid: Gesellschaftspolitische Regulierung von Fortpflanzungstechnologien und Embryonenforschung, S.114

[57] Ebd., S.113

[58] Schneider, Ingrid: Gesellschaftspolitische Regulierung von Fortpflanzungstechnologien und Embryonenforschung, S.36

[59] Kotsoglou, Kyriakos: Über die Bedeutungslosigkeit des Satzes „in dubio pro reo". Eine grammatisch-logische Rekonstruktion der Freispruchdogmatik, in: Zeitschrift für Internationale Strafrechtsdogmatik, 9. Jahrgang, Ausgabe 1/2014, S.40

Ähnliches hat sich im Feld der Tierversuche vollzogen: Um moralisch bedenkliche Tierversuche möglichst du vermeiden, werden einige der Untersuchungen nun auf der Ebene einzelner Zellen durchgeführt oder es werden Computersimulationen angewendet. Die Alternativ-Methoden-Forschung hat sich also auf dem Feld der Tierforschung mit der Zeit fest etabliert.[60] Angesichts dessen erscheint die Notwendigkeit einer staatlichen Förderung der Alternativ-Methoden-Forschung im Bereich der Biotechnologien nicht nur ratsam, sondern vor dem Hintergrund der Möglichkeit neuer medizinisch-technischer Fortschritte sogar die Lösung bestehender moralischer Konflikte.

---

[60] Bundesministerium für Bildung und Forschung (Hrsg.): Alternativen zum Tierversuch, Berlin, https://www.bmbf.de/de/alternativen-zum-tierversuch-412.html, abgerufen am 10.12.2017

Literaturverzeichnis

Andersen, Uwe: Machttheoretische Ansätze, in: Nohlen, Dieter / Schultze, Rainer-Olaf: Lexikon der Politikwissenschaft, Band 1 A-M, 4. Auflage, München 2002, S. 558 – 565

Bauch, Jost: Selbst- und Fremdbeschreibung des Gesundheitswesens. Anmerkungen zu einem „absonderlichen" Sozialsystem, in: ders., Gesundheit als System. Systemtheoretische Beobachtungen des Gesundheitssystems, 2. Aufl., Konstanz 2005, S. 1-17

Blumenthal, Julia: Kommissionen und Konsensrunden, in: Bröchler, Stephan / Schützeichel, Rainer (Hrsg.): Politikberatung, Stuttgart 2008, S.401-415

Bogumil, Jörg / Jann, Werner: Verwaltung und Verwaltungswissenschaften in Deutschland. Einführung in die Verwaltungswissenschaft, 2. Auflage, Wiesbaden 2009, S.162-186

Bundesministerium für Bildung und Forschung (Hrsg.): Alternativen zum Tierversuch, Berlin, https://www.bmbf.de/de/alternativen-zum-tierversuch-412.html, abgerufen am 10.12.2017

Bundeszentrale für politische Bildung (Hrsg.): Grundgesetz für die Bundesrepublik Deutschland, Bonn 2010

Burkhardt, Florian: Politikberatung oder Politikbestätigung? Funktionen und Wirkungsweisen von Expertenkommissionen der Bundesregierung, Konstanz April 2005

Czeguhn, Jutta: Klone aus dem Mixer, in: Süddeutsche Zeitung: Ausstellung, München 08.12.2017, http://www.sueddeutsche.de/muenchen/ausstellung-klone-aus-dem-mixer-1.3784329, abgerufen am 10.12.2017

Färber, Gisela: Politikberatung durch Kommissionen, in: Leschke, Martin / Pies, Ingo (Hrsg.): Wissenschaftliche Politikberatung – Theorien, Konzepte, Institutionen, Stuttgart 2005, S. 131-160

Fischer, Johannes / Gruden, Stefan / Imhof, Esther: Grundkurs Ethik. Grundbegriffe philosophischer und theologischer Ethik, 2. Aufl., Stuttgart 2008

Foucault, Michel: Recht über den Tod und Macht zum Leben, in: Lemke, Thomas / Volkers, Andreas: Biopolitik. Ein Reader, Frankfurt a.M. 2014, S.65-87

Hancock, David: Tame, Messy and Wicked Risk Leadership, New York 2010

Kammler, Clemens / Parr, Rolf / Schneider, Ulrich Johannes: Foucault Handbuch. Leben-Werk-Wirkung, Stuttgart 2014

Kotsoglou, Kyriakos: Über die Bedeutungslosigkeit des Satzes „in dubio pro reo". Eine grammatisch-logische Rekonstruktion der Freispruchdogmatik, in: Zeitschrift für Internationale Strafrechtsdogmatik, 9. Jahrgang, Ausgabe 1/2014, S. 31-46

Luhmann, Niklas: Der medizinische Code, in: ders., Soziologische Aufklärung: Konstruktivistische Perspektiven, 3. Aufl., Wiesbaden 2005, S. 176-188

Martinsen, Renate: Politische Legitimationsmechanismen in der Biomedizin. Diskursverfahren mit Ethikbezug als funktionale Legitimationsressource für die Biopolitik, in: Albers, Marion (Hrsg.): Bioethik, Biorecht, Biopolitik: Eine Kontextualisierung, Baden-Baden 2016, S. 141-169

Müller, Lukas: Tagungsbericht: Neues aus Biopolis? Die Politik der Biomedizin, Duisburg, 2017, https://www.dngps.de/tagungsbericht-neues-aus-biopolis-die-politik-der-biomedizin/, abgerufen am 13.02.2018.

Münch, Richard: Systemtheorie, in: Nohlen, Dieter / Schultze, Rainer-Olaf: Lexikon der Politikwissenschaft, Band 2 N-Z, 4. Aufl., München 2010, S. 1068-1075

Reinhard, Wolfgang: Geschichte des modernen Staates, München 2007

Ridderbusch, Katja: Ein Designerbaby nach Bauplan – für 140.000 Dollar, in: Die Welt online: Wissenschaft-Reproduktionsmedizin, Berlin 02.01.2016, https://www.welt.de/wissenschaft/article150528268/Ein-Designerbaby-nach-Bauplan-fuer-140-000-Dollar.html, abgerufen am 10.12.2017

Saretzki, Thomas: Biopolitik in diskursiven Designs: Empirisch Analysen und politiktheoretische Implikationen, in: Kauffmann, Clemens / Sigwart, Hans-Jörg (Hrsg.): Biopolitik im liberalen Staat, Baden-Baden 2011, S. 209-223

Schneider, Ingrid: Gesellschaftspolitische Regulierung von Fortpflanzungstechnologien und Embryonenforschung, in: Bergermann, Ulrike: Techniken der Reproduktion / Medien-Leben-Diskurse, 2002, S.103-120

Schneider, Ingrid: Technikfolgenabschätzung und Politikberatung am Beispiel biomedizinischer Felder, in: APuZ, Jg. 64, H. 6-7, 2014, S.31-39

BEI GRIN MACHT SICH IHR WISSEN BEZAHLT

- Wir veröffentlichen Ihre Hausarbeit, Bachelor- und Masterarbeit

- Ihr eigenes eBook und Buch - weltweit in allen wichtigen Shops

- Verdienen Sie an jedem Verkauf

Jetzt bei www.GRIN.com hochladen und kostenlos publizieren